U0395888

"老小孩"的智能生活

手机冲浪

吴含章 编著

上海科学普及出版社

图书在版编目(CIP)数据

手机冲浪/吴含章编著.—上海:上海科学普及出版社,2018.8
("老小孩"的智能生活)
ISBN 978-7-5427-7253-4

I.①手… Ⅱ.①吴… Ⅲ.①移动电话机—互联网络—中老年读物 Ⅳ.①TN393.4-49②TN929.53-49

中国版本图书馆 CIP 数据核字(2018)第 149372 号

责任编辑　刘湘雯
美术编辑　赵　斌
技术编辑　葛乃文

"老小孩"的智能生活
手机冲浪
吴含章　编著
上海科学普及出版社出版发行
(上海中山北路 832 号　邮政编码 200070)
http://www.pspsh.com

各地新华书店经销　上海丽佳制版印刷有限公司印刷
开本 889×1194　1/16　印张 3.5　字数 120 000
2018 年 8 月第 1 版　2018 年 8 月第 1 次印刷

ISBN 978-7-5427-7253-4　　定价:36.00 元

《"老小孩"的智能生活》
丛书编委会

主　编　吴含章

编　委　高声伊　茅建平　栾学岭

　　　　陈伟如　郑佳佳

编者的话

　　互联网的迅速发展正日新月异地改变着我们的生活，从老年人到儿童，互联网深深地渗入了每个人的生活中。为了让老年人改变以往传统的生活习惯，尽快融入网络生活，我们以"记录生活、便捷生活、快乐生活"为主线，引导老年朋友一起享受信息时代新科技带来的红利。通过学习和实践，老年朋友也可以和年轻人一样，应用智能手机方便自己的生活。

　　在开始进入网络生活前，老年人要克服畏难情绪，只要有一部智能手机，只要有无线互联网，那么一切都变得非常简单。当然，你还要有一群志同道合的"网友"，互帮互学，不但学会用手机解决日常生活所需，还能够根据兴趣爱好或者共同的经历组成小组，一起学、一起玩，享受网络生活带来的便利和乐趣。

目 录

第一章　　认识智能手机

一、基本操作

　　智能手机的基本操作大致可以分为两种类型，一种是通过手指点按手机机上的按键实现操作，另一种是通过手指在手机屏幕上的不同划动实现操作。

1. 按键操作

　　通常，在智能手机的机身上有一些按键，这些按键都对应着一些基本操作功能，通过它们(图1)可以实现方便快捷的操作。

图1

（1）开关机

在关机状态下，按住电源开关键 ⏻ （约3秒）后松开，即可开机。开机状态下，按住电源开关键（约3秒）显示"关机弹出对话框"，按"确定"按钮，即可关机。

（2）待机／唤醒

在待机状态下，轻按电源开关键唤醒屏幕，屏幕随即亮起，进入开机状态。在开机状态下，如果暂时不需要使用智能手机，可以轻按电源开关键关闭屏幕背光，手机将进入待机状态，以节省电量。

（3）强制关机

仅在必要时，比如出现死机等现象，长按电源开关键（约6秒）强制关机。

（4）调节音量

通过轻按音量调节键的"＋"端增大音量，轻按音量调节键的"－"端减小音量。

（5）返回主页面

"主屏键" 🏠 的功能是返回主屏。在任何状态下按此键都可返回到开机时的主屏幕。

2. 屏幕手势操作

通过手势进行操作是智能手机的主要使用方式，下面介绍几种常用的操作手势。

（1）点击

"点击"是指使用一根手指触摸屏幕然后抬起手指，该操作主要用于选择某一个选项、打开程序或功能表。

图2

（2）点住

"点住"，也叫"长按"、"按住"，是指使用一根手指触摸屏幕某个位置并保持不动3秒以上，此动作通常用来选择某一个图标，调出"菜单"。

图3

（3）滑动

"滑动"是指使用一根或多根手指触摸屏幕并向一个方向移动，比如在不同窗口间切换。

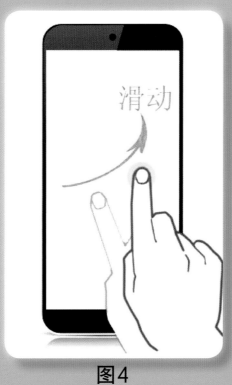

图4

（4）拖动

"拖动"是指使用一根手指在屏幕上长按某个目标，待目标进入可拖曳状态后，将其移动一定距离的操作，比如调整主页上快捷图标的位置。

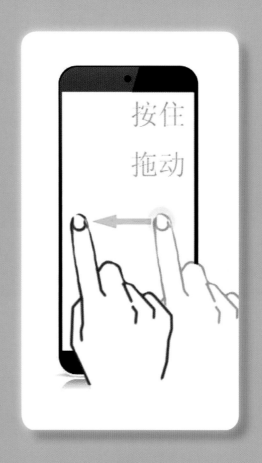

图5

（5）缩放

"缩放"是指多根手指触摸屏幕，然后将手指并拢在一起，比如缩小图片；或者多根手指触摸屏幕，然后将手指分开，比如放大图片。

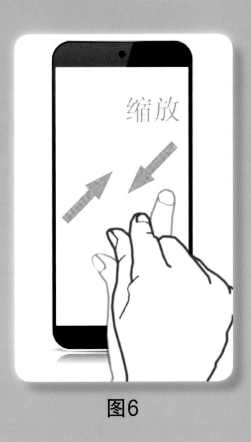

图6

（6）双击

"双击"就是短时间内连续两次点击图标，主要用于快速缩放，比如浏览图片时双击可以快速放大，再次双击可以复原。

图7

二、网络连接

　　智能手机中的很多应用和功能都需要借助于网络才能使用，我们这里所说的网络主要包括两种：Wlan（Wireless Local Area Networks即无线局域网）和4G Networks（第四代移动通信网络）。

1. Wlan和4G的区别

　　Wlan是通过安装一个或数个无线信号发射器，使无线信号覆盖一个小范围区域，让移动终端通过无线信号连接到信号发射器，再通过发射器连接到网络。

　　4G Networks则是让移动终端通过无线信号连接到无处不在的移动通信基站，再通过移动通信基站连接到网络。

2. 设置Wlan无线网络

　　通过系统设置中的Wlan选项进行设置，具体操作步骤如下：

　　（1）在主屏上找到"设置"图标，点击"设置"，选择"WLAN"（红框标出）。

图8

（2）滑动WLAN开关，打开WLAN，智能手机将自动搜索出所有可以连接的WiFi热点。选择已知密码或者无密码的WiFi热点，并点击连接。

图9

（3）点击"Wlan"页中合适的信号源尝试连接。若信号源没有安全密码，系统会自动连接；若信号源有安全密码，则会显示"密码输入"弹出窗口，输入密码后点击"连接"。

图10

3. 连接至4G无线网络

4G网络连接首先需要在电信运营商处办理网络服务的开通。打开4G网络会产生流量，根据电信运营商不同的资费标准需要收取流量费用。如在国外，建议关闭4G网络，以免产生高额的漫游流量费用。

图11

连接4G网络的操作：在"设置"中选择"移动数据"，滑动按钮，打开"移动数据"，则开启了移动无线网络。如需开启4G网络，则滑动"启用4G"边上的按钮，打开"4G"网络。

第二章　网上冲浪

一、浏览网页

上网是智能手机的主要用途之一，上网最常见的使用目的是浏览网页，本节主要介绍如何使用智能手机来浏览网页。

1. 直接访问

直接访问网页就是直接在浏览器的地址栏中输入网址来打开网页的访问方式，具体操作步骤如下：

（1）点击应用程序列表中的"浏览器"图标，打开"浏览器主窗口"。

图12

（2）点击地址栏，显示虚拟键盘，点击键盘按键输入"老小孩"网址"www.oldkids.cn"，然后点击"回车"按车键，打开"老小孩"首页。

图13

2. 通过书签访问

书签是用来记录网址的一种方式，其功能类似于电脑上网页的收藏夹功能。通过网址书签无需输入网址即可快速访问网页，具体操作步骤如下：

（1）点击应用程序列表中的"浏览器"图标，打开浏览器主窗口。

（2）点击网页下方的"更多"按钮，弹出很多功能，选择"书签"按钮，显示"书签"页。

图14

（3）点击任意一个网址书签，打开网页。

新建书签

通常将经常访问的网址或想要收藏的网址保存为网址书签，我们这里以"老小孩"首页为例介绍如何新建网址书签，具体操作步骤如下：

（1）在浏览器地址栏中输入网址"www.oldkids.cn"，打开"老小孩"首页。

（2）点击操作栏里找到的"收藏"按钮，显示"将此页加为书签"弹出窗口。

（3）点击"确定"按钮即可。

3. 搜索信息

人们常说网络是信息的海洋，只有你想不到的，没有你找不到的，虽然有些夸张，但也的确说出了网络上信息海量的特点。

百度搜索

搜索引擎是帮助用户在网络上搜索信息的工具，百度搜索无疑是当前中文搜索领域的霸主，下面以"百度搜索"为例介绍如何在网络上寻找所需信息，具体操作步骤如下：

（1）上接"直接访问"一节中的第2步，打开"百度"首页。

图15

（2）在"百度"首页上的搜索框中点击，显示虚拟键盘。

（3）根据个人习惯选择输入法，并输入所要搜索信息的关键字，比如"上海"，点击网页中的"百度一下"按钮，显示"搜索结果"。

（4）选择并单击所感兴趣的链接（带有下划线），比如"中国上海"，打开"相关内容"。

二、收发电子邮件

用智能手机收发电子邮件除了使用直接浏览网页的方法：输入电子邮箱网址，填入邮箱名和密码登录邮箱外，还能使用"网易邮箱大师"APP。（如何下载使用APP将在下一章节中详细讲述。）

1. 如何进入邮箱

点击"网易邮箱"图标进入邮箱。第一次要"允许"权限申请。

图16

在"添加邮箱账号"中填上邮箱地址和密码，点击"登录"，它就会显示已经成功添加的邮箱信息，点击"下一步"就可以进入邮箱了。

图17

在收件箱中可以查看朋友发来的电子邮件。

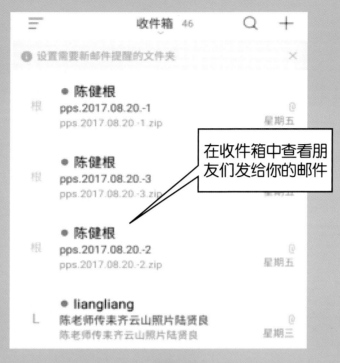

图18

2. 如何发邮件

（1）点击右上方的"＋"，在下拉菜单中选择"写邮件"，就进入了写邮件的界面。

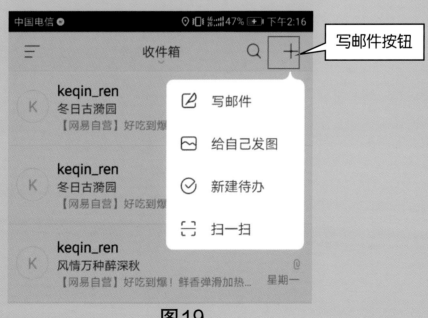

图19

（2）在收件人一栏中填入收件人的邮箱地址，或者点击收件人一栏最右边的"+"，在通讯录里选择对方的邮箱地址。填写主题和邮件内容。如需添加附件，在"主题栏"最右边有曲别针符号，点击后会出现添加附件的选项，可以选择文件或照片等作为附件添加。

图20

（3）查看邮件信息无误后，点击右上方的"发送"按钮，邮件就被发送了。

三、应用程序（APP）的安装和使用

1. 什么是APP软件

APP是英文Application的简称，是移动设备(手机和平板电脑)中应用程序的统称。各种功能的应用程序都可以叫APP，比如：游戏APP，办公APP等。我们可以根据自己的爱好和需要来选择下载。

APP应用程序图标

图21

2. 如何下载、安装APP

苹果手机的APP是在"APP STORE"中下载、安装。安卓手机的APP可以用手机自带的"应用商店"中下载、安装，也可以使用第三方应用商店，如"360手机助手"中下载安装。在应用商店的分类中根据APP的排名和星级选择下载。切记：请到主流的应用商店下载APP，不要点击不知来源的下载地址，避免下载到病毒。

下面以安卓手机的应用商店为例，简述如何下载、安装APP。

第一步：点击"应用商店"，进入应用市场主页。在主页的推荐或者分类中选择感兴趣的APP点击下载。如果用户有明确的APP需要下载，那么在搜索栏中输入APP的关键词。本书以"老小孩社区"APP为例：输入关键字"老小孩"，就可以查找到"老小孩社区"APP。

图22

图23

第二步： 下载、安装"老小孩社区"。

　　找到"老小孩社区"网址后，点击【下载】，下载完成后点击"安装"按钮。APP就开始自动安装，安装完毕之后，手机的桌面上就有了"老小孩社区"图标。

图24

确定【安全检测】

点击【安装】

图25

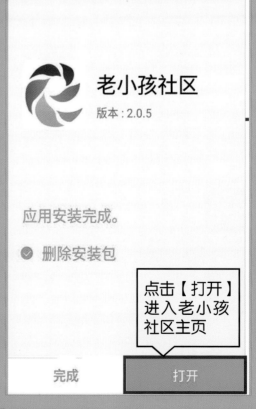

显示安装进度

点击【打开】
进入老小孩
社区主页

图26

安装完毕之后，手机桌面上就有了【老小孩社区】图标。

图27

3. 如何使用APP软件？

现在仍以"老小孩社区"APP为例。点击桌面上的"老小孩社区"图标，进入"老小孩主页"。

（1）APP注册

第一次进入"老小孩社区APP"先要完成注册。注册时填入自己的手机号码，然后点击"获取验证码"。验证码会以短消息的方式发送到所填写的手机上。把收到的验证码填写至"短信验证码"一栏中，点击"下一步"。

　　填写设置属于自己的网名和登录的密码，点击"注册并立即登录"，就完成了注册的流程。

点击图标，打开【老小孩社区】页面。

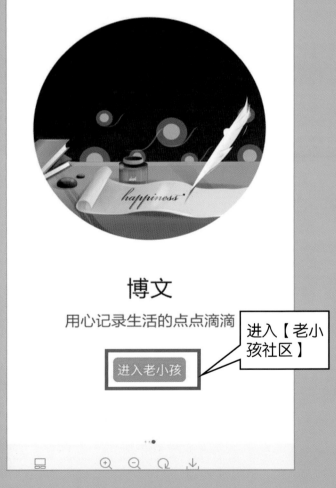

博文

用心记录生活的点点滴滴

进入老小孩

进入【老小孩社区】

图28

图29

（2）使用老小孩APP

以后再要打开"老小孩APP"，只要填写"网名"和"密码"然后"登录"就可以进入"老小孩社区"。（老小

孩社区的详细操作介绍请参见《老小孩智能生活》丛书之《网络社交》）

图30

第三章 网络安全

一、防范信息诈骗

1. 什么是信息诈骗

现代社会是信息时代，高科技所带来的大量信息给我们的工作和生活带来了无穷的便利。同时也让不法分子乘机利用网络信息进行诈骗活动。目前，信息诈骗的种类很多，常见的有电话信息诈骗、网络诈骗、手机短信诈骗等，个人信息泄露是导致信息诈骗的主要因素。

2. 信息诈骗主要形式

（1）电话类：主要通过电话沟通的形式，以各种亲人意外、重病等，或者公安机关查处违法乱纪事务等理由骗取当事人信任，让当事人在着急之下缺乏警惕，从而导致上当受骗。这种方式分为目标型和大海捞针型。一般目标型的会了解你的基本信息，更容易让人不好放松警惕。

（2）短信类：主要有中奖短信、消费短信、祝福短信等。侵害目标不明确，嫌疑人利用短信群发设备进行某个号段的短信群发。中奖类短信主要集中在中奖要先缴税费，消费类短信主要是消费扣钱，祝福短信则是收到祝福后回复直接被扣话费。

（3）网络类：主要通过网络交易骗取银行卡密码。常见的有网络中奖诈骗、网络虚假预测诈骗、利用网络刊登虚假广告诈骗（如网络投资，网络贷款，网络招工，网络交友、二手物品销售）等。

互联网信息时代，很多网络诈骗以不经意的形式出现，如有不慎，很容易中招。其主要表现为：

以低价引诱。行骗人通常通过比较知名、大型的电子商务网站发布虚假商品销售信息，以所谓的"超低价"、"走私货"、"免税货"、"违禁品"等名义出售各种产品，使一些人因低价的诱惑或好奇心而上当受骗，同时以"减少手续费"、"支付时间长"、"交易快捷"等借口尽量劝说受害人不要通过"支付宝"等方式支付，直接将现金存入其指定账号。

吸纳会员，骗取注册费。行骗人在一些普通的网站上制作一些六合彩赌博网站或淫秽色情网站的链接，引诱网民点击进入，交纳一定的注册费（通常以手机号码进行注册，一旦注册成功即被扣掉手机费等），让其成为会员，网民交钱后往往并没有成为会员，从而上当受骗；或让其成为普通会员后，进一步引诱受害者继续支付费用成为VIP会员。

发布中奖信息。行骗者在一些游戏的网站上向玩家发送"中奖"信息，让玩家汇邮费、税费等，这往往使一些爱贪小便宜或有好奇心态的玩家上当受骗。

货不对版。受害者在支付货款后所收到的货物的价值远远低于自己所付货款；有的甚至只收到一个空的货物包装盒，行骗者还将此责任和矛盾推向物流公司或邮局，让受害者维权困难，往往只能不了了之。

3. 防信息诈骗小贴士

（1）保护个人信息，谨防泄露。

✓ 切勿把自己的身份证件、银行卡等转借他人使用。

✓ 在日常生活中切勿向他人透露个人信息、财产状况等基本信息，也不要随意在网络上随意留下个人信息。

✓ 尽量亲自办理各项理财金融业务，切勿委托不熟悉的人或中介代办，谨防个人金融信息被盗。

✓ 提供个人身份证件复印件办理各类业务时，应在复印件上注明使用用途，例如："仅供申报××信用卡用"，以防身份证复印。不要随意丢弃刷卡签购单、取款凭条、信用卡对账单等，对写错、作废的金融业务单据，应撕碎或用碎纸机及时销毁，不可随意丢弃，以防不法分子捡拾后查看、抄录、破译个人信息。

✓ 不要轻信来历不明的电话、手机短信和邮件。警惕向您询问个人信息的电话及电子邮件，在任何情况下，法院、警方都不会要求用户告知银行账户、卡号、密码或向来历不明的账户转账，如遇到此类情况，应予以拒绝，必要时立即报警。

（2）谨防诈骗，切记"六个一律"。

✓ 接陌生人电话，谈银行卡、转账、支付宝等，一律不理睬。

✓ 接陌生人电话，谈中奖、消费扣款等的，一律不理睬。

✓ 接陌生人电话，谈洗钱、犯法，要将电话转接公安局、检察院或法院的，一律不理睬。

✓ 收到有链接的短信，一律不理睬。

✓ 收到陌生人发的微信链接，一律不理睬。

✓ 涉及"安全账户"相关的，一律不理睬。

4. 遇到诈骗如何处理

（1）不用理对方，能不说就不说。

当接到陌生电话时，对方一开始可能会向你套近乎，这时候一定要警惕起来，对于对方提出的问题，最好保持沉默，或者爱理不理。一旦对方所说的话根本就不能引起你的兴趣，他的诈骗也难以实现。所以要管住自己的嘴，学会选择沉默，抵制诱惑。

（2）要控制自己的情绪。

诈骗电话打过来的时候，会告诉你的亲人、同学、朋友出事了。这时候，绝对不要情绪一激动，诈骗者说汇款就汇款。要学会冷静，也不要做出很担心的样子，淡淡地问一问对方的情况，反问几个问题，等挂完电话后，再给自己的朋友亲人打电话落实一下具体情况。一般这都是骗局。

（3）及时录音，保留证据。

现在很多手机都有在通话时录音的功能，一旦发现对方所说的事情或者语言存在蹊跷，这时，就要试着按一下录音键，将对方的声音录下来。作为很强有力的证据，说不定能用上了！

（4）及时报警。

对于接到有些诈骗电话，约你出去见面，或者什么地方有你的快递，或者在什么酒店为你准备了一份丰富的午餐……尤其是对方是陌生号码，或者不能确定对方是不是朋友或亲人时，一定要及时地拨打110，向警方详细说明情况。这样就会尽可能地减少损失，警方也可能会根据被害人提供的线索抓到这些诈骗的人了。

5. 信息诈骗案例

案例一　冒充警务部门诈骗

图31

【友情提醒】

骗子所提供的"法院"、"公安机关"等有关各个机构的电话都是事先设计好的，无论事主拨打哪个号码核实，都会落入骗子精心设计的圈套。我们接到此类电话，不要慌乱，更不要把个人的相关信息告诉对方。确认是诈骗电话的，应及时向公安机关报案。报案时，只要拨打110即可，千万不要按照对方指定的电话号码去报警。

案例二　冒充熟人诈骗

图32

【友情提醒】

✓ 要有防范意识，不要轻信陌生电话。不要轻易泄露个人信息，在网站注册或者办理各项业务，最好留下备用电话的信息。

✓ 接到陌生电话不受诱导，不去猜，有人要你猜你直接告诉对方，不说是谁直接挂电话。

✓ 不要给陌生人或者电话里几年没见的"朋友"打款。

✓ 如果真的是几年没见的朋友，他出了事情你可以直接问他在哪里出事了，直接去找他。约见面的地点一定要在人多热闹的地方。

✓ 人都有家人，亲戚，直系血缘关系的人肯定要比所谓的朋友亲近，直接叫他找家人。如果最后真的确定是真实的，朋友真出事了，再跟朋友解释，也不能冒风险汇款。

✓ 接到此类电话，应该稳住对方，立即拨打110报案。

案例三 支付诈骗

浙江嘉兴网店店主汪女士，近期使用手机扫描二维码时，手机网页一直没显示。觉得不对劲的汪女士登录支付宝和淘宝账户，发现账户中1万多元资金和2.4万元信用贷款被转走。就在报警做笔录时，不法分子又转走12万多元信用贷款。办案民警介绍，汪女士扫描二维码点开链接时被植入木马类病毒，导致资金被窃。

无独有偶，家住太原市五一路的李女士，日前扫描一家优惠券网站的二维码后手机感染病毒，被扣120元话费。

同样，市民林女士曾接到一个自称淘宝客服的电话，称其购买的衣服，铅、汞含量超标，需要退货，并且可以拿3倍的赔偿。这么好，既退货，又可以拿赔偿款，林女士忙问怎么操作？接下来骗子的套路来了，先让林女士加其为支付宝好友，并发给她一个所谓的退款的二维码，让她扫一扫。扫过该二维码后，对方称系统出问题了，就换了个二维码，扫码后还是说不行，随后一共发了9个二维码，信以为真的林女士均扫了一遍，整个过程对方一直保持通话。等挂完电话后，林女士才发现，支付宝收到了9条转账消息。再联系对方已经联系不上了，才知道被骗。

【友情提醒】

二维码支付骗局的几种表现形式：

✓ 直接发送病毒二维码，告知你扫码关注有优惠。

✓ 假冒官方二维码，在原来的位置上粘贴病毒二维码，受害者一不留神就中招。如共享单车上的伪装二维码。

✓ 冒充淘宝客服，谎称可以对"劣质商品"给予退货，并支付大额赔偿金。

✓ 发送收款二维码，却谎称是退款必须要扫的二维码，迷惑被害人，借以骗取被害人钱财。

✓ 谎称系统出问题，连续发送二维码要被害人扫，进行多次行骗。

案例四　短信病毒链接诈骗

图33

【友情提示】

　　各类千奇百怪带链接的诈骗短信也让人防不胜防，种种骗术，骗子利用没有实名认证的电话号码甚至是熟人的电话号码，发送这些短信。

　　据业内技术人员称，以目前的短信传输技术，还没办法做到在短信中直接植入木马。用户应该是点击短信中的短链接后，跳转到一个包含木马的APK文件（手机APP安装包）的下载地址，安装该木马程序后才导致信息被盗。因此对于任何可疑链接，都要坚决不点，不给犯罪分子任何可趁之机。

案例五　中奖短信诈骗

【友情提醒】

　　收到中奖短信一定不要激动得乱了方寸，请注意：

　　✓ 确认自己是否有参加过该类活动。如无则不用理会。如有请向官方渠道核实中奖信息。

　　✓ 所有需要先缴税金等费用的，一律不要理睬。诈骗短信穷出不止，花样百出。谨记"天上不会掉馅饼，便宜莫要贪"。提高警惕，避免蒙受经济损失。

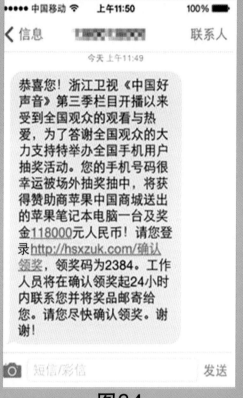

图34

案例六 电信邮包诈骗

图35

【友情提醒】

　　此类骗局是"邮包诈骗"的升级版，仅仅是在"邮包涉案"上又裹了层外包装，摇身一变成了"快递诈骗"。这种"换汤不换药"的骗术最为常见，即便是内容老得掉渣，只要由头稍微改变，仍有人会上当受骗。接到类似电话时，请保持冷静，坚持"三不"：不相信、不理睬、不联系。如果恰巧自己正有快递未收到，也切莫慌张，先挂断电话，重新拨通真正快递公司的电话进行查询。还要做到不要轻易泄露个人信息，特别是姓名、身份证号、电话号码、银行账户资料等重要信息。

二、手机清理加速

　　众所周知，安卓手机在使用一段时间之后会变慢，那是因为系统垃圾的堆积，内存不足导致的，及时进行清理会保持手机的流畅。常用的手机清理加速APP包括"猎豹清理大师"、"360清理大师"等。以下以"猎豹清理大师"为例介绍这类APP的使用方法。

　　首先在"应用商店"中找到并下载和安装"猎豹清理大师"软件。使用时在手机页面上点击猎豹清理大师图标进入猎豹清理大师。

图36

（1）"手机加速"功能是系统检测手机运行内存（相当于电脑内存）中的各类冗余数据。

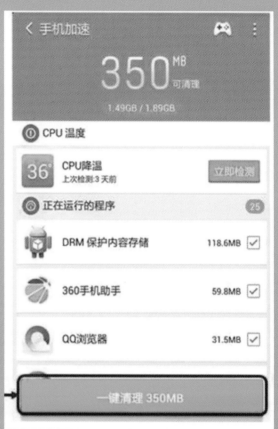

图37

点击"手机加速"，系统进入自动检测，检测后可以直接点击"一键清理"，这里清理的只是一些应用程序对运行内存的占用，可以完全放心清理。

（2）"垃圾清理"功能是清理手机非运行内存（相当于电脑的硬盘）中的冗余数据。

点击"垃圾清理"，系统进入自动检测，在扫描时，会显示扫描进度。扫描垃圾需要一些时间，请耐心等待。扫描结束后，显示的默认可以清理的项目之后会有"√"，勾选好的项目都是安全的清理项目，可以直接点"清理垃圾"，不需要任何担心。如果要选择非默认的可清理项目，需要认真查看清理内容，不了解的项目最好不要选择清理。清理时也请耐心等待，清理完全结束后系统会显示出清理报告。

图38

图39

（3）"病毒查杀"，顾名思义点击"病毒查杀"就是全面对手机进行"病毒检测和清除"。建议至少每月进行一次"病毒查杀"，以保证手机没有中毒。

（4）"软件管理"是管理手机里已经安装的APP应用。这里要介绍的是APP的卸载。不常用的APP会占据手机容量造成手机越用越慢，因此定期检查并删除一些不常用的APP应用是管理自己手机的好方法。

　　点击"软件管理"，找到并点击"管理"，在"管理"页面中点击"软件卸载"。

图40

此时会出现手机中已经安装的APP列表。在列表中找到并选择需要卸载的APP，点击"卸载"，进入卸载界面。再次点击"确定"，APP就从手机中卸载了。

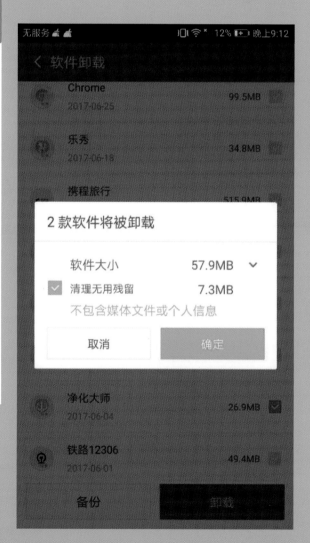

图41

后 记

　　今年父亲节，一则短视频在朋友圈里疯传，视频里退了休的父亲到处去应聘，只为了一个简单的目的：跟着时代"进修"一下，再次做一个跟得上时代的老爸，成为女儿心中永远的"超人"。女儿长大了，好久没"麻烦"老爸了，不需要爸爸那个过去的"超人"了。老爸燃起了多看看年轻人的世界、多学学的念头，就是为了让女儿能够多需要老爸一些。"我们的独立是爸爸的骄傲，但我们的依赖是爸爸这辈子都不想脱掉的小棉袄。"片尾的这句话触动了我。我们真的应该做些什么，让老人家们能够不再为路边拦不到出租车、不会用PAD点菜等烦恼了。科技的进步和信息化的便捷理应惠及老年人群。

　　"老小孩"智能生活丛书就是帮助老年人掌握基本的智能手机应用。其实智能手机并不难学，只要克服了心理障碍，多练练，很快就能上手的。就如年近九十的南京路上好八连第一任指导员王经文所说，耐心点学，学会了上网，世界就在你的眼前。真心希望这套丛书能带领老年朋友走进数字生活，让老年人都能跟得上时代，让子女们再次为爸妈而骄傲。

编写这套丛书的过程其实很辛苦，常常熬夜。我不由得想起十几年之前我父亲吴小凡不辞辛劳为老年人编写《中老年人学电脑》和《中老年人学网络》两套丛书，最终因积劳成疾过早离开了我们。我也想以这套丛书来告慰我父亲的在天之灵，谢谢您创办了老小孩网络社区，谢谢您给了我坚持十八年为老服务的力量。

2018年6月24日